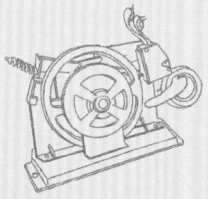
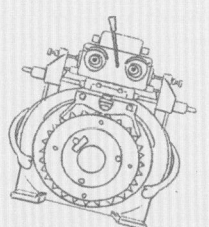

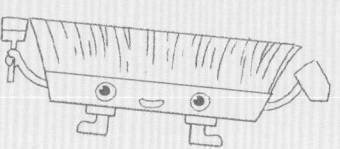

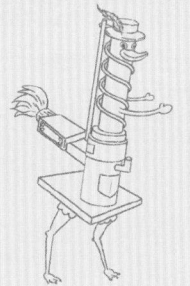

版权所有　侵权必究

图书在版编目（CIP）数据

电梯的秘密：运行和安全 / 金英等著. — 杭州：
浙江科学技术出版社，2024. 7. — ISBN 978-7-5739
-1352-4

Ⅰ. TU857-49

中国国家版本馆 CIP 数据核字第 2024YR2695 号

书　　名	电梯的秘密：运行和安全	
著　　者	金英　周宇　应晨耕　王嘉彦　沈微珊　朱科晖　李强	
出　　版	浙江科学技术出版社	
	杭州市环城北路 177 号　邮政编码：310006	
	办公室电话：0571-85176593	
	销售部电话：0571-85062597	
排　　版	杭州兴邦电子印务有限公司	
印　　刷	杭州捷派印务有限公司	
开　　本	787 mm×1092 mm　1/12　　印　张　4	
字　　数	80 千字	
版　　次	2024 年 7 月第 1 版　　印　次　2024 年 7 月第 1 次印刷	
书　　号	ISBN 978-7-5739-1352-4　　定　价　48.00 元	

特约编辑	阿基米	**责任编辑**	柳丽敏	**责任校对**	陈宇珊
	许文强	**责任美编**	金晖	**责任印务**	吕琰
	王　萱				

如发现印、装问题，请与承印厂联系。电话：0571-56798200

金 英　周 宇　应晨耕　王嘉彦　著
沈微珊　朱科晖　李 强

浙江省特种设备科学研究院　组织审定

电梯的秘密

运行和安全

浙江科学技术出版社·杭州

警铃响起,电梯外出现了一群亮闪闪的小人,他们把黑衣人团团围住。

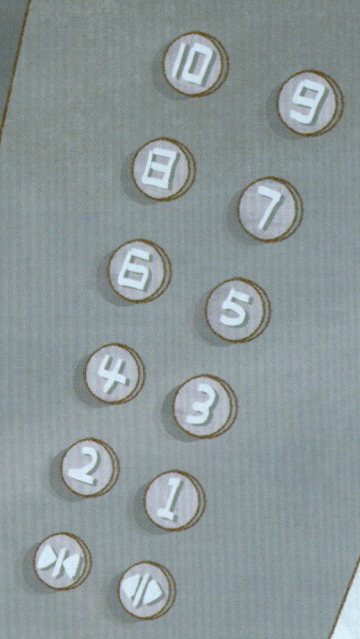

安全钳

别怕,我们是神奇电梯王国的小臣民。

科普小知识

乘坐电梯遇到紧急情况时,按下紧急报警按钮,并将电梯内情况告知对方。等待救援时,可背靠轿壁,双腿微屈。电梯内设有通风孔,不是密闭空间,即使被困也不会引发窒息。

豆豆惊奇地发现,在神奇电梯王国里,国王是垂直电梯,王后是自动扶梯,臣民都是电梯零部件。

阅兵广场上,大家都盛装打扮,高高的领奖台上摆满了大奖杯。

梯梯大魔王偷走了奖杯，之前破坏企鹅号电梯的也是他！他把奖杯都带去了黑梯山。

国王决定成立"奖杯护卫队"，由他和王后带队，进军黑梯山。

可是，去往黑梯山，首先要经过"晕头转向垂直电梯林"，再经过"迷迷糊糊自动扶梯河"，最后穿过"老老老电梯沙漠"。

我要破坏你们的盛会！

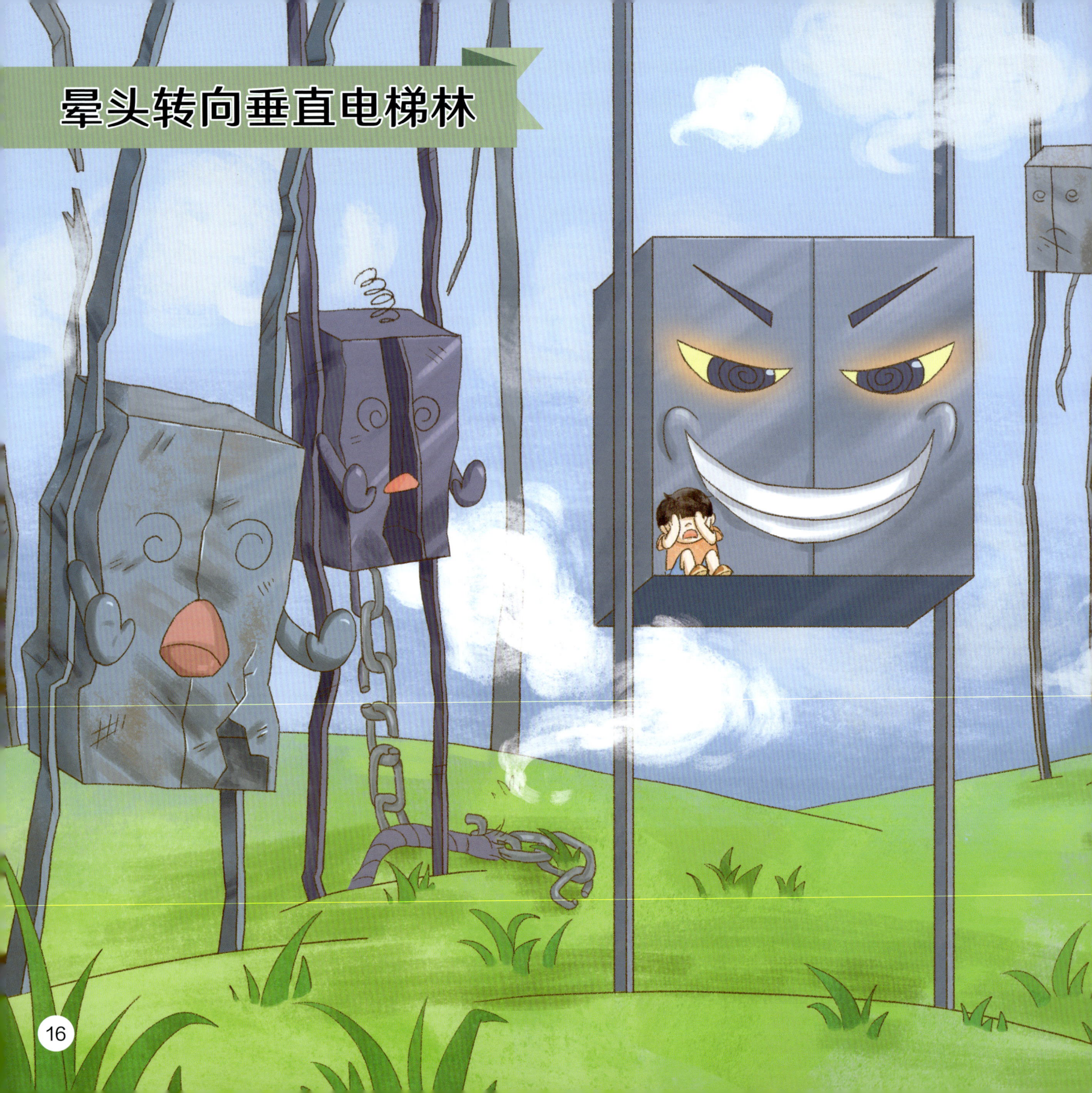
晕头转向垂直电梯林

攻击力
防御力
生命值

"奖杯护卫队"来到了晕头转向垂直电梯林。这里到处都是些头晕乎乎的垂直电梯,他们不是门关不上,就是按键失灵。这些电梯挥舞着双臂,阻止大家前行。

豆豆被困在了最大的电梯里,正跟着电梯一起快速下坠!

豆豆,不要慌!在电梯轿厢里是安全的,我们马上来救你!

垂直电梯小分队冲了出来，制动器装置把运行中发生故障的垂直电梯轿厢制停住，载着豆豆的"晕老大"也停了下来。限速器装置、安全钳装置、缓冲装置等纷纷各显神通。

垂直电梯怎样保护我们？

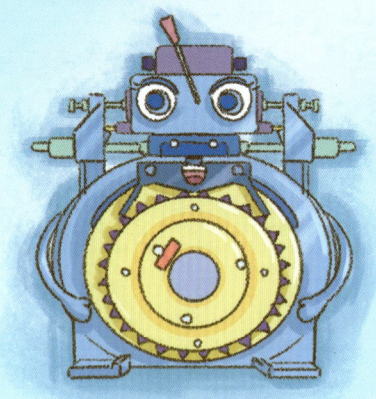

我是制动器，我能让电梯保持停止状态，并且在失电时制停轿厢。

我是限速器，我能发现电梯异常超速现象，然后马上通知安全钳。

我是安全钳，接到限速器通知后，我能让电梯轿厢减速直到停止。

来认识一下垂直电梯安全装置兵团厉害的成员们吧，这些安全保护装置，保证了垂直电梯的安全运行。

垂直电梯运行大揭秘

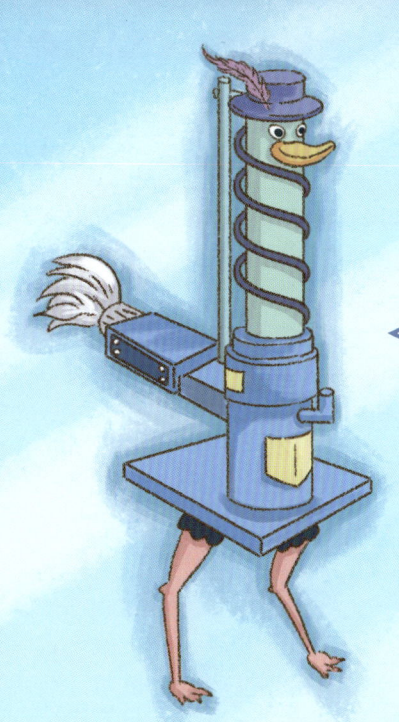

我是缓冲装置，我能防止轿厢因重力作用直接落到地面。

我是超载保护装置，我能发现超载现象，并且发出警报。

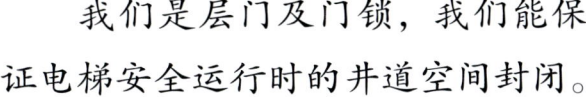

我们是门再开启保护装置，我们能防止电梯门夹人。

我们是层门及门锁，我们能保证电梯安全运行时的井道空间封闭。

攻击力	
防御力	
生命值	

一台自动扶梯说:"我们被梯梯大魔王拆掉了零部件,有的没了梯级踏板,有的没了链条,有的扶手带变形破损,有的梳齿板缺失,有的安全部件损坏……加上又泡了水,一个个变得迷迷糊糊、无精打采。"

电梯们恢复了健康,架起了一座超长的自动人行道——"跨河大桥",帮助大家顺利过了河。

自动扶梯和自动人行道怎样保护我们？

我是防爬装置，我可以防止儿童攀爬至扶手外侧，从而避免发生高处坠落事故。

我是阻挡装置，我可以防止人们进入自动扶梯周边的不安全区域。

我是防滑行装置，我能防止人们把盖板区域当作滑梯玩。

这些保护装置通力合作，一起保护自动扶梯和自动人行道上行人的安全。

自动扶梯和自动人行道
运行大揭秘

我是防护挡板，我能防止发生挤压、剪切事故。

我是扶手带入口保护装置，我能防止夹手。

我是梳齿板，如果有异物卡住了，我能联合电气装置让自动扶梯停止。

我是防夹装置，我能防止异物夹入梯级侧方的间隙。

我是紧急停止装置，当意外情况发生时，按下我，可以让电梯紧急停止运行。

老老老电梯沙漠

离黑梯山只差一步了——只要再穿越"老老老电梯沙漠"就到了。

沙漠里堆满了老化或者没有定期检修保养的电梯，它们再一次挡住了所有人的去路。

攻击力
防御力
生命值

电梯医生们把沙漠里所有的电梯都检修了一遍。
原本昏迷不醒的电梯们，都慢慢睁开了眼睛。

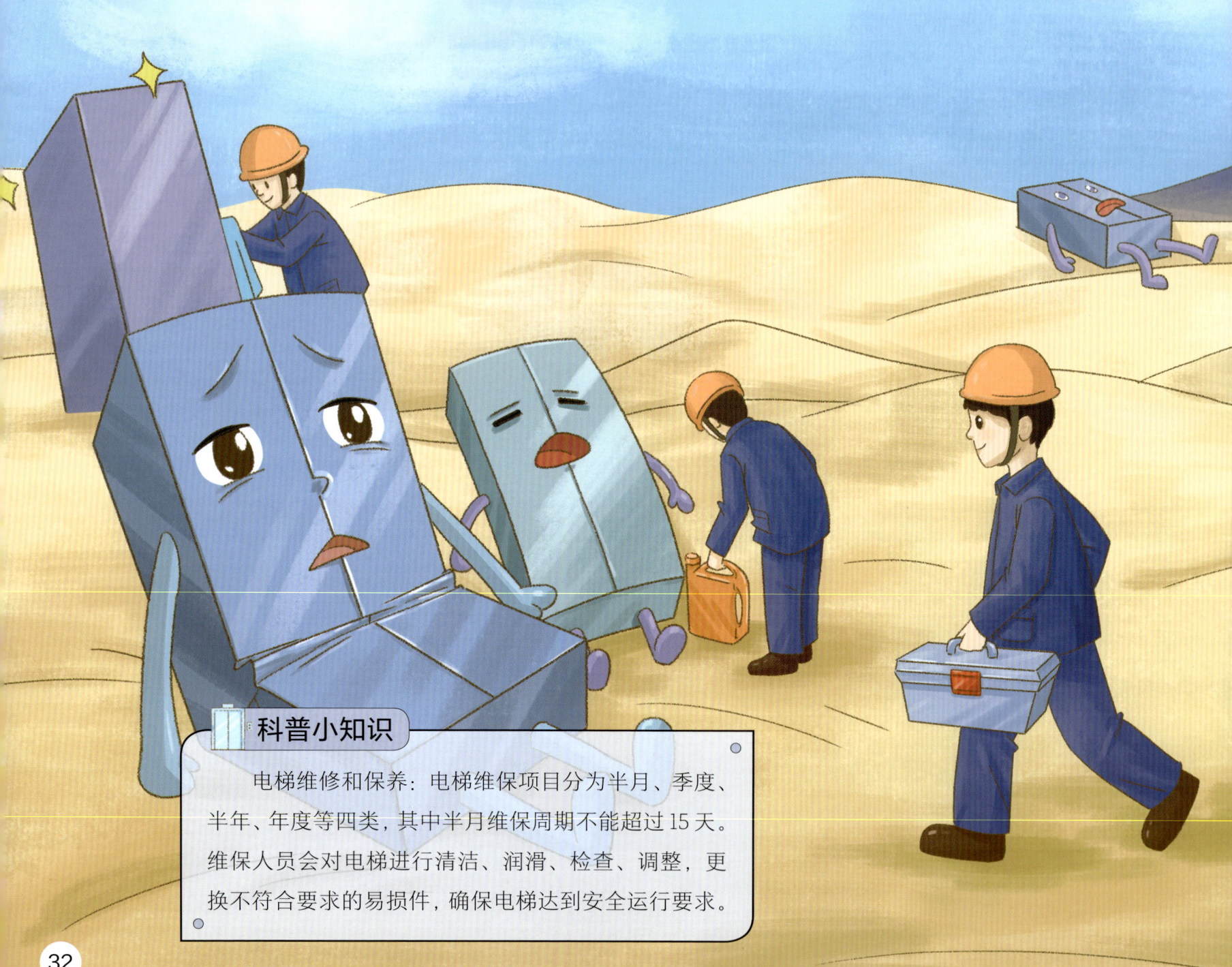

科普小知识

电梯维修和保养：电梯维保项目分为半月、季度、半年、年度等四类，其中半月维保周期不能超过15天。维保人员会对电梯进行清洁、润滑、检查、调整，更换不符合要求的易损件，确保电梯达到安全运行要求。

黑梯山

你们追不上我!

恢复活力的电梯们护送大家穿过了老老老电梯沙漠,爬上了黑梯山。

梯梯大魔王一听到动静,带着奖杯拔腿就跑。

国王、王后连同臣民们,一起变身成了超级企鹅号电梯。

黑梯山到了!

超级企鹅号电梯启动光速模式,一下就追上了梯梯大魔王。

你们永远也不会知道那句让我真正消失的弱点秘咒是什么。

可马上,他又站了起来。

豆豆想起睡前妈妈刚给自己讲过的电梯故事，想起梯梯大魔王在企鹅号电梯外拳打脚踢的场景。他想到了大魔王的弱点。

豆豆和超级企鹅号齐声呐喊出咒语，话音刚落，梯梯大魔王肥肥的身躯迅速缩小。他惨叫一声，就消失在了空气中。

大家赶紧接过掉落的安全奖杯，金灿灿的，一个都没少。

我会安全

我还会回来的！

文明乘梯！

攻击力 ━━━━
防御力 ━━━━
生命值 ━━━━

怎样安全文明乘坐自动扶梯和自动人行道

儿童或行动不便人士应在成人监护下乘梯。

乘梯时尽量避免靠近梯级边缘，站立于梯级踏板黄线内。请勿光脚或穿洞洞鞋等软鞋乘梯。

使用婴儿车、手推车（自动人行道专用推车除外）时，尽量选择搭乘垂直电梯。

乘梯时面朝自动扶梯和自动人行道运行方向站立，并扶好扶手。

乘梯时尽量避免低头看手机等电子设备,自动扶梯和自动人行道出口和入口处尽量不要停留,做到即乘即走。

严禁在自动扶梯和自动人行道上攀爬、滑行、玩耍,避免将头、脚、手等部位伸出自动扶梯和自动人行道扶手外侧。

自动扶梯即使在非运行状态下,也不能当作固定楼梯使用。

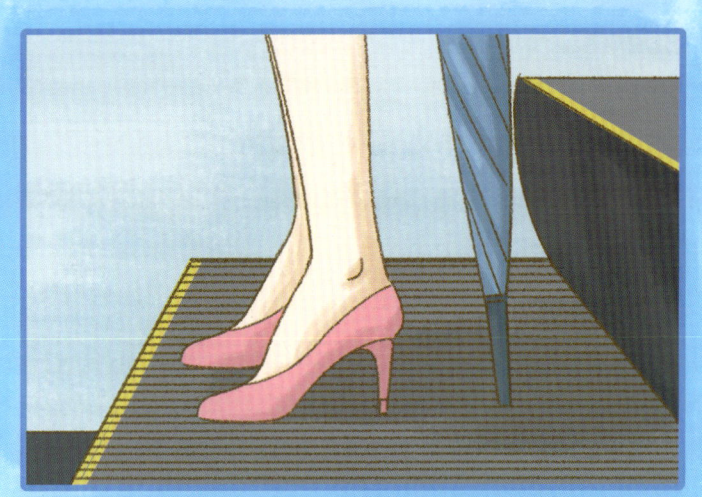

携带长柄雨伞或穿高跟鞋时,留意梯级边缘缝隙和踏板凹槽,避免将伞尖、鞋跟插入而发生危险。

怎样安全文明乘坐垂直电梯

请勿在垂直电梯附近和轿厢内玩耍、打闹、跑跳。

带宠物乘梯时，确保宠物和宠物绳都在电梯轿厢内。

请勿推、踢、扒门，不要用身体（或物品）倚靠或撞击电梯层门。

跟着安安乘电梯

请勿用身体或物品阻挡电梯关门。

若电梯超载发出警报,请最后进入电梯的乘客主动退出。

电梯门开启后,有序先出后进,请勿在电梯门口长时间逗留或拥挤在电梯门前。

在梦中,豆豆举起金灿灿的奖杯,开心地笑了。

人物档案

梯梯大魔王

神奇电梯王国的最大敌人，由人类不规范使用和保养电梯产生的负能量演变而成。

国王　　王后

安安

特种设备学院毕业的高材生，电梯小博士。

豆豆

十足的"电梯迷"，爱探险、爱幻想，最喜欢了解电梯的各种知识。

浙江省特种设备科学研究院
"特种设备安全科普书系"

《电梯的秘密 运行和安全》 / ISBN 978-7-5739-1352-4

该绘本通过豆豆在梦境中进入神奇电梯王国发生的一系列探险经历，普及电梯安全运行知识，引导读者文明乘梯。

《电梯的秘密 制造和安装》 / ISBN 978-7-5341-9963-9

该绘本通过豆豆跟着爸爸参加"电梯大探秘"体验活动，普及电梯由来、现代电梯诞生、电梯设计生产、电梯检验等知识，引导读者重视乘梯安全。

《大型游乐设施安全知识读本（青少年版）》 / ISBN 978-7-5341-6970-0

该读本通过介绍13类大型游乐设施的结构原理、乘坐注意事项及安全须知等知识，帮助青少年掌握安全游玩大型游乐设施的方法。

《特种设备安全隐患辨识与防范指南（公众版）》 / ISBN 978-7-5341-7010-2

该读本通过介绍特种设备的基础认知、隐患辨识、监督预防等知识，引导读者提高自我保护和防范能力。

《安全不能丢——安安带你游乐园》 / ISBN 978-7-5341-8681-3

该绘本通过小金毛及其伙伴们游玩怪怪树乐园，来普及游乐园的安全知识。该绘本获第四届浙江省科普作家协会优秀科普作品银奖。

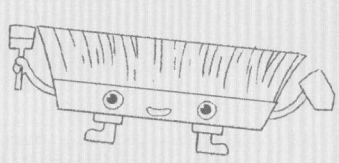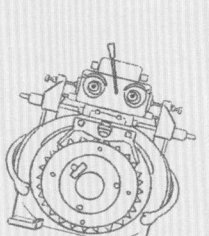